新建筑空间设计丛书

餐饮空间

韩国建筑世界出版社　著

U0273419

北京科学技术出版社

Copyright © ARCHIWORLD Co.,Ltd.
Publishing: ARCHIWORLD Co.,Ltd.
Publisher: Jeong, Kwang-young

图书在版编目（CIP）数据

新建筑空间设计丛书·餐饮空间 / 韩国建筑世界出版社著 ；北京科学技术出版社译. --
北京 ： 北京科学技术出版社，2019.1
    ISBN 978-7-5304-9401-1

Ⅰ．①新… Ⅱ．①韩… ②北… Ⅲ．①饮食业－服务建筑－室内装饰设计 Ⅳ．① TU2

中国版本图书馆 CIP 数据核字（2018）第 062008 号

新建筑空间设计丛书·餐饮空间

作　　者：韩国建筑世界出版社
策划编辑：陈　伟
责任编辑：王　晖
封面设计：芒　果
责任印制：张　良
出 版 人：曾庆宇
出版发行：北京科学技术出版社
社　　址：北京西直门南大街 16 号
邮政编码：100035
电话传真：0086-10-66135495（总编室）　　0086-10-66113227（发行部）
　　　　　0086-10-66161952（发行部传真）
网　　址：www.bkydw.cn
电子信箱：bjkj@bjkjpress.com
经　　销：新华书店
印　　刷：北京捷迅佳彩印刷有限公司
开　　本：880mm×1250mm 1/32
字　　数：237 千字
印　　张：9.5
版　　次：2019 年 1 月第 1 版
印　　次：2019 年 1 月第 1 次印刷
ISBN 978-7-5304-9401-1/T·978

定　　价：148.00 元

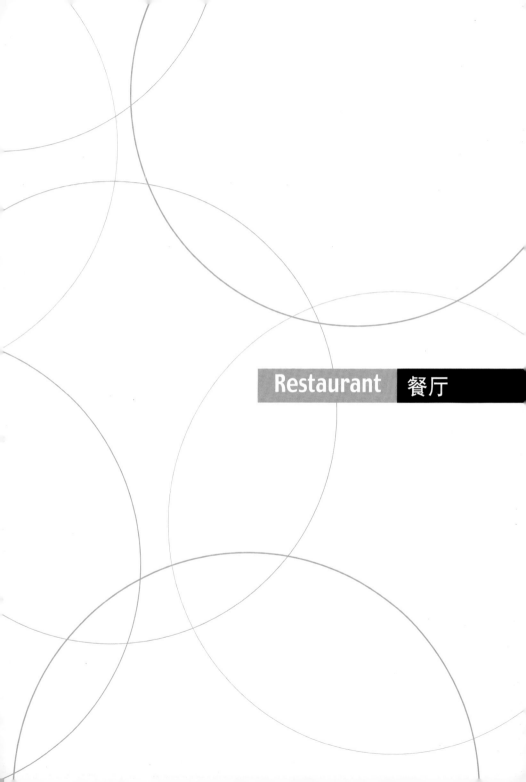

Restaurant 餐厅

© Roberto d'Addona

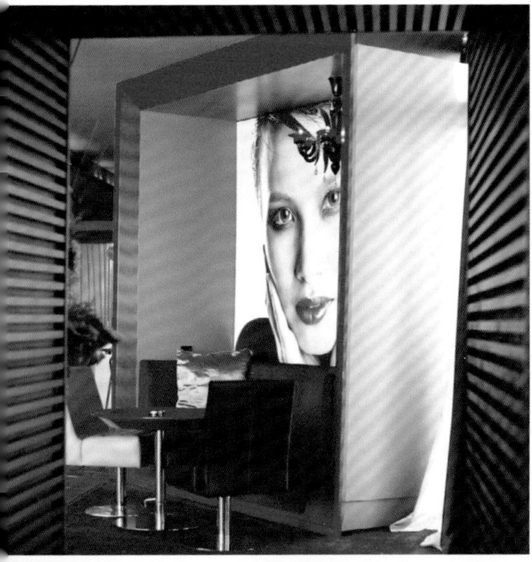

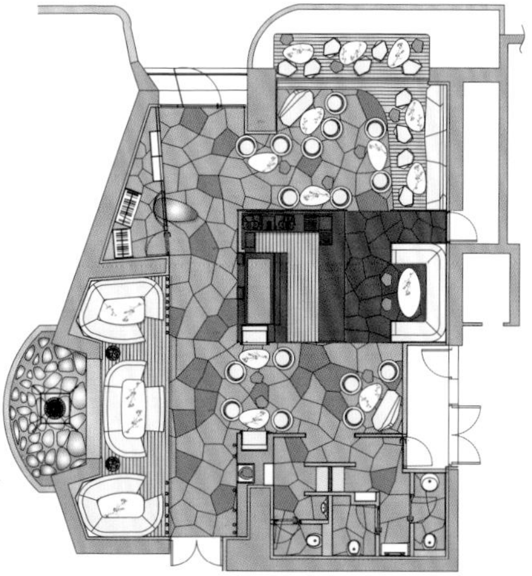

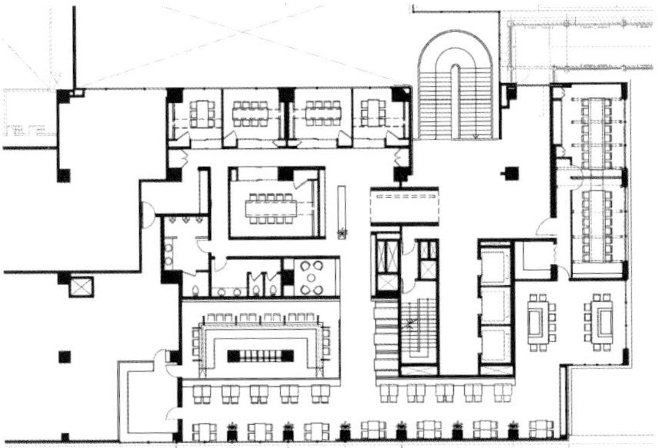

© Michael Weber

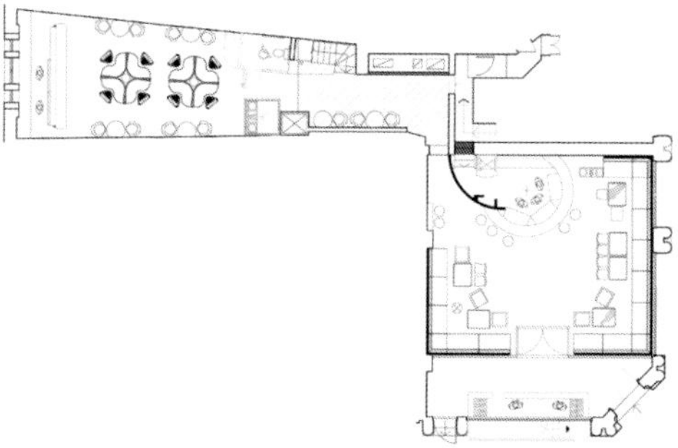

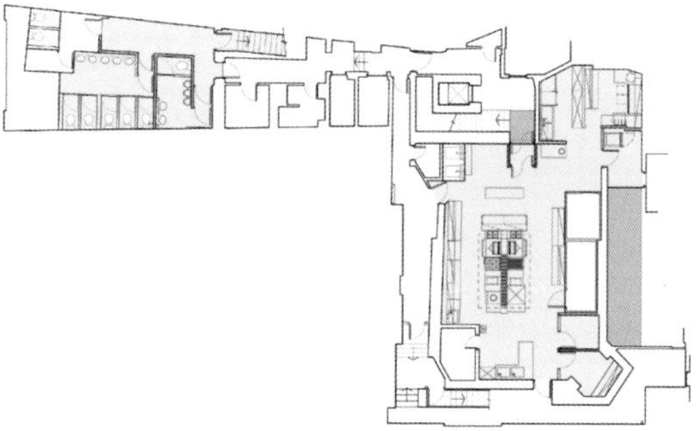

© Michael Weber, Yuki Kuwana

© Michael Weber, Yuki Kuwana

© Michael Weber

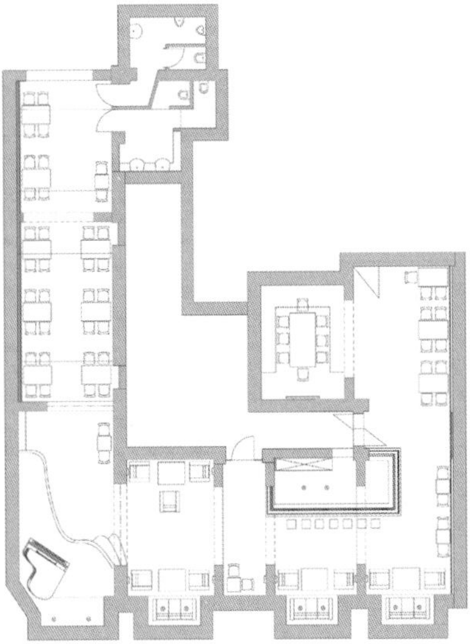

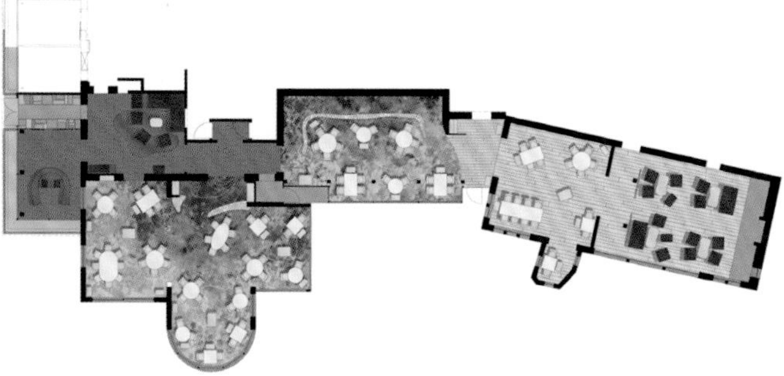

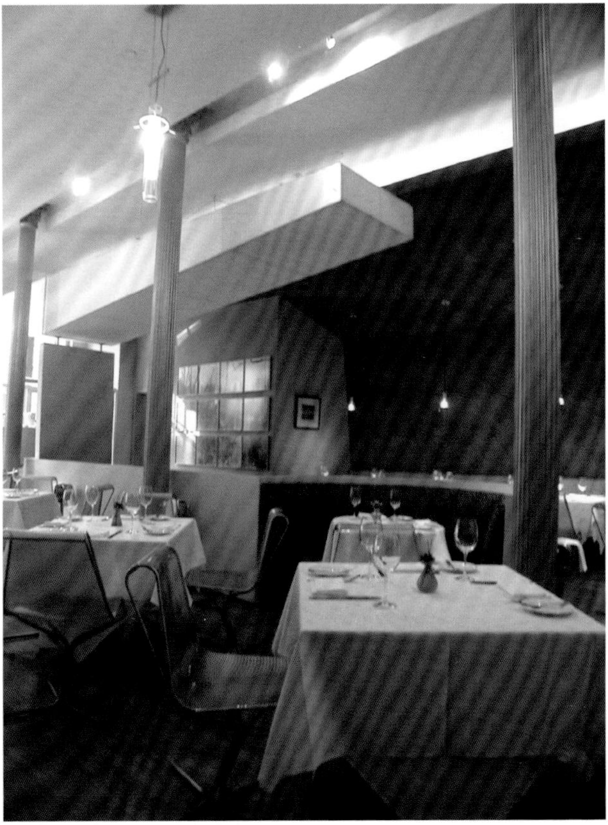

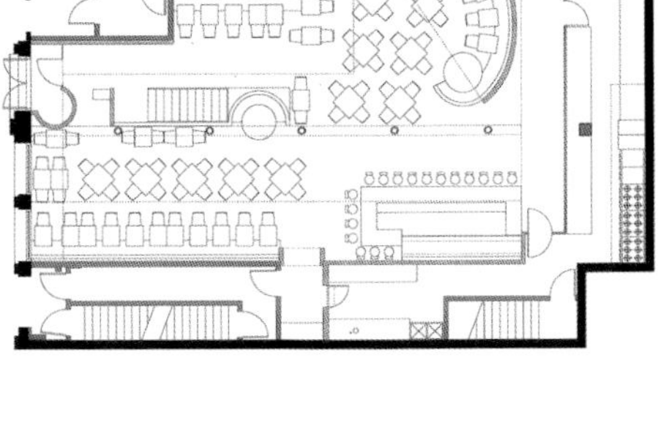

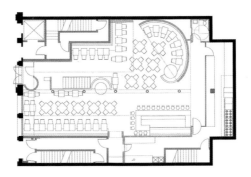

© Murray Fredericks

© Murray Fredericks

pepper

© Peter Merison, Shoalhaven Studios

© Peter Merison, Shoalhaven Studios

© John Linden

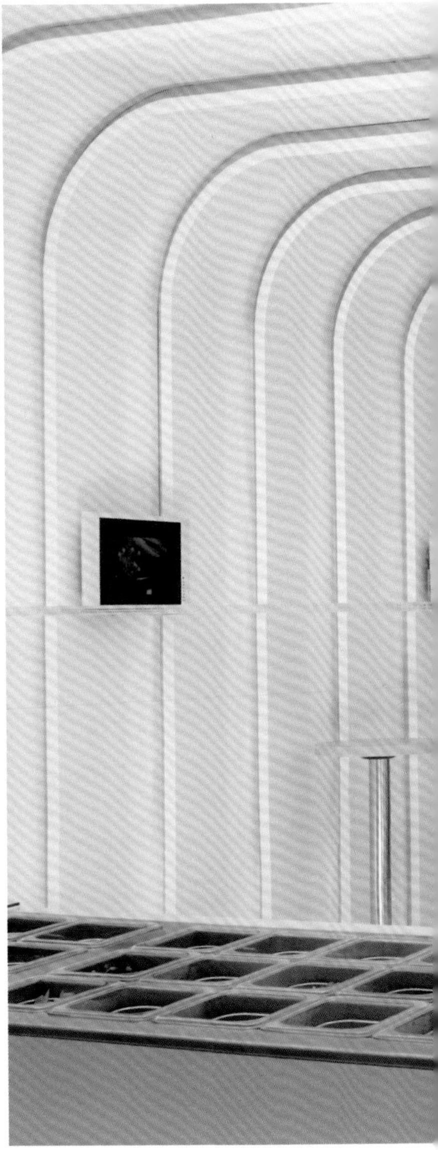

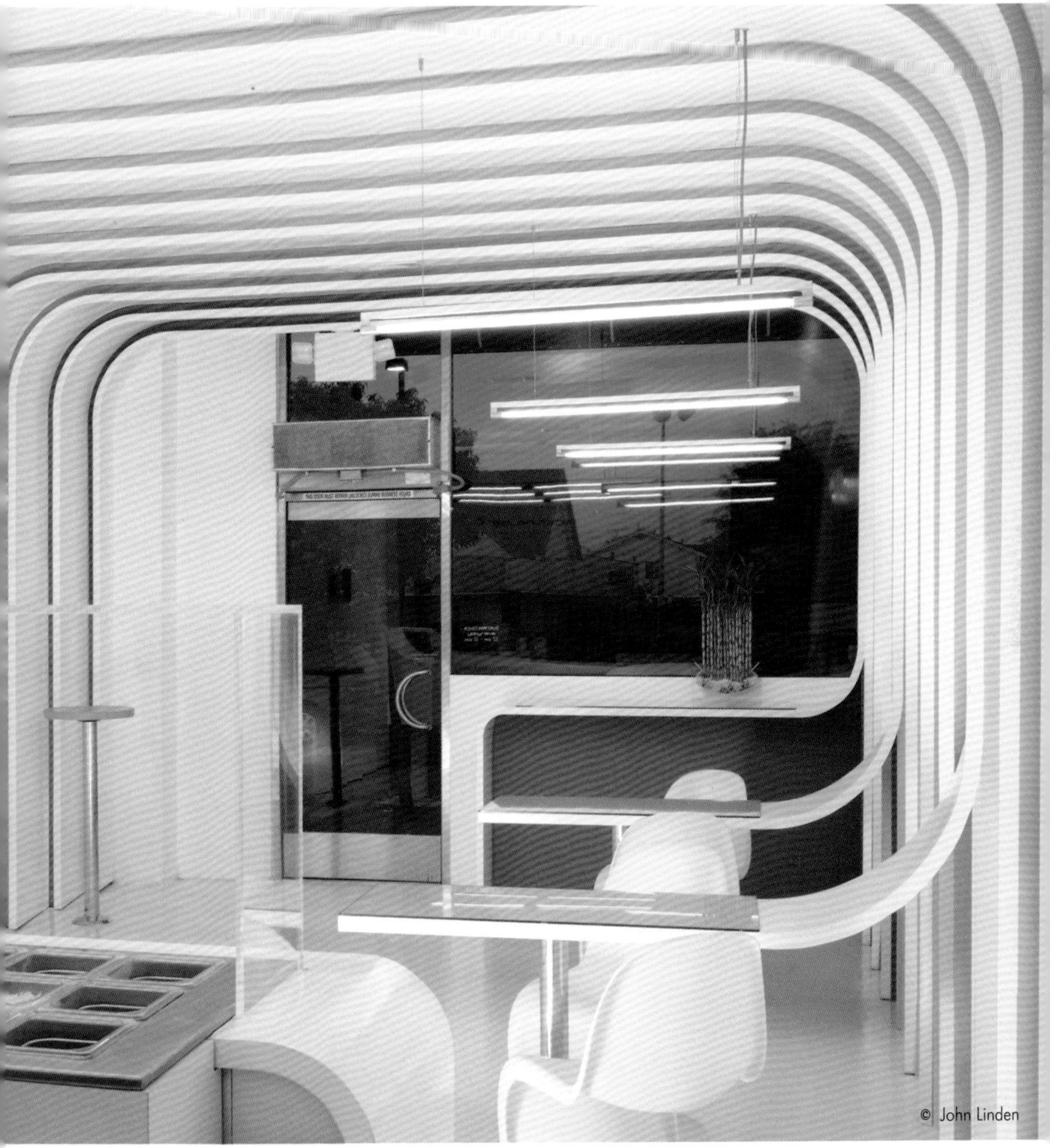

© John Linden

© Andrea Scavini

© Andrea Scavini

© Andrea Scavini

© Peter Merison, Shoalhaven Studios

© Peter Merison, Shoalhaven Studios

© Shannon McGrath

© Shannon McGrath

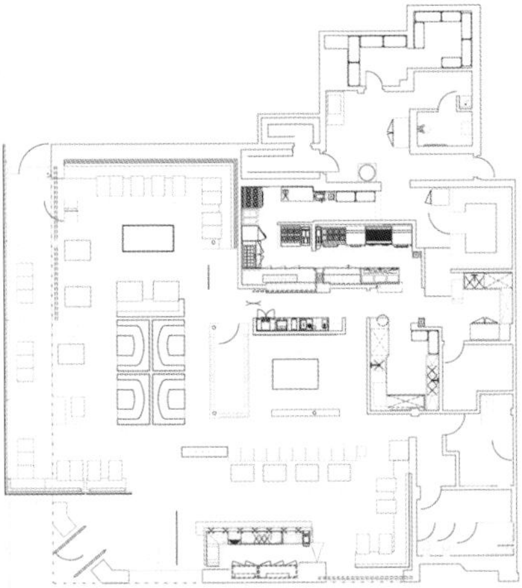

CREDULA

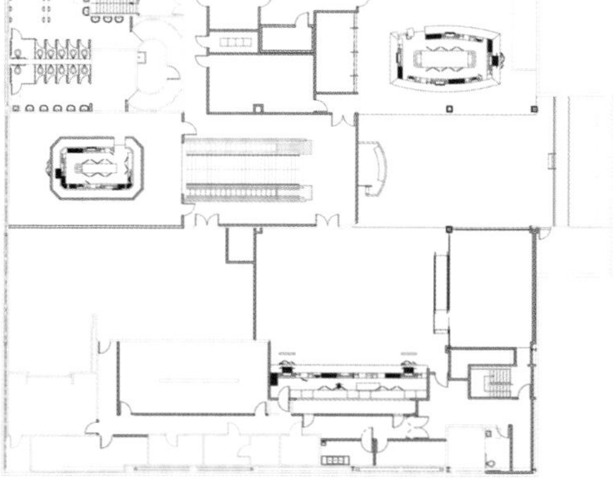

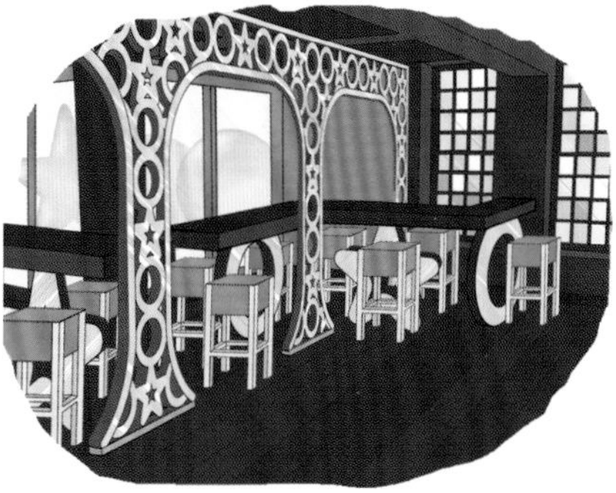

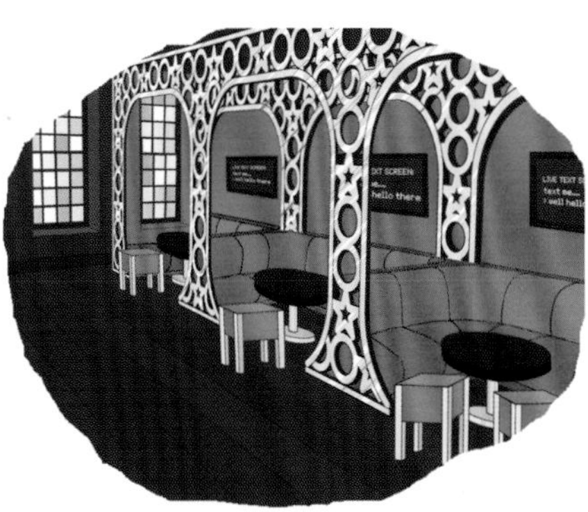
hello there

© Sash Alexander

© Sash Alexander

© Sash Alexander

© Rien van Rijthoven

© Rien van Rijthoven

© Rien van Rijthoven

© Rien van Rijthoven

Summercase
The Who
CLUB
GAZ
Summercase
MONEGROS
ZIGGY MARLEY
RICHARD BONA

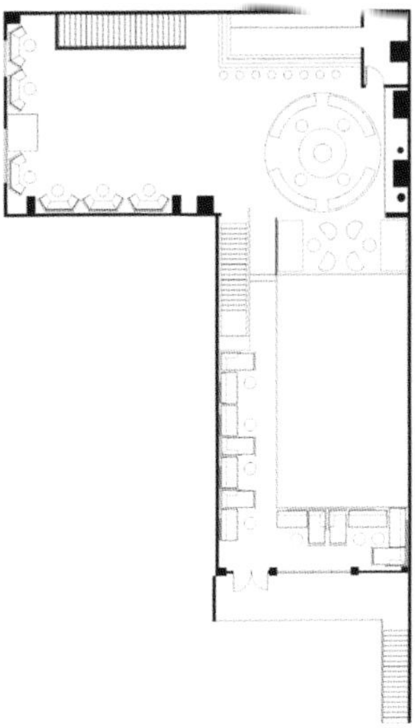

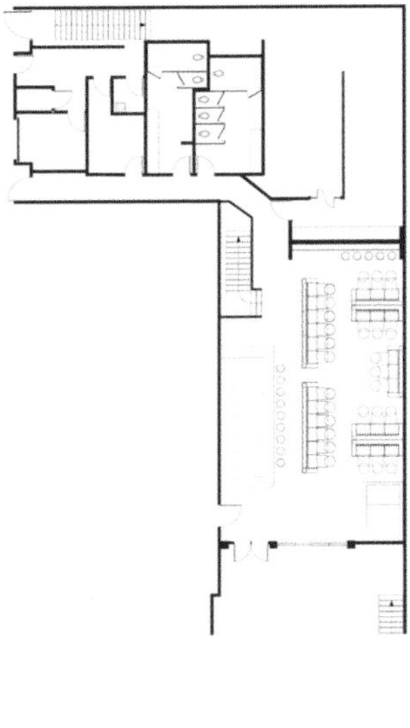

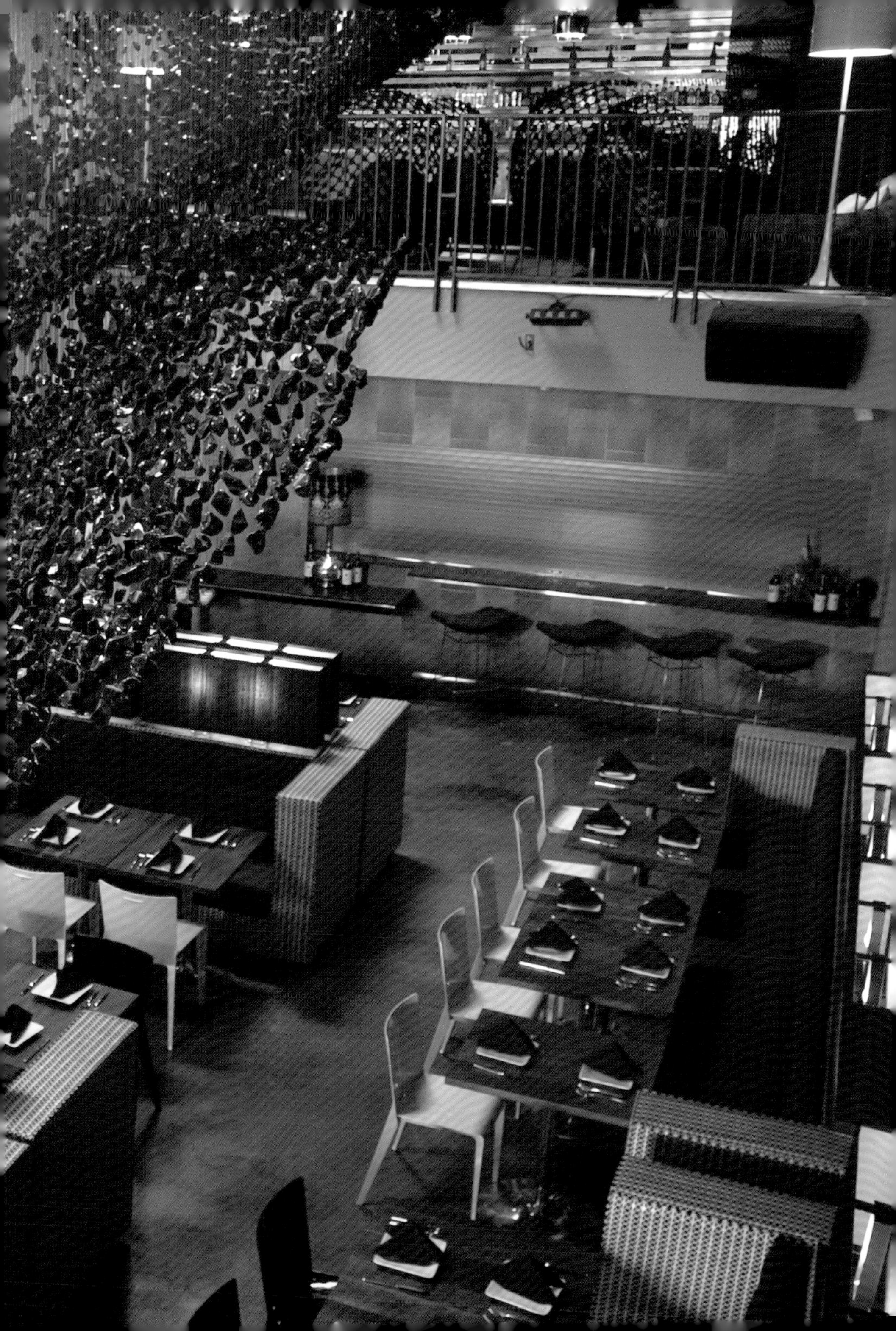

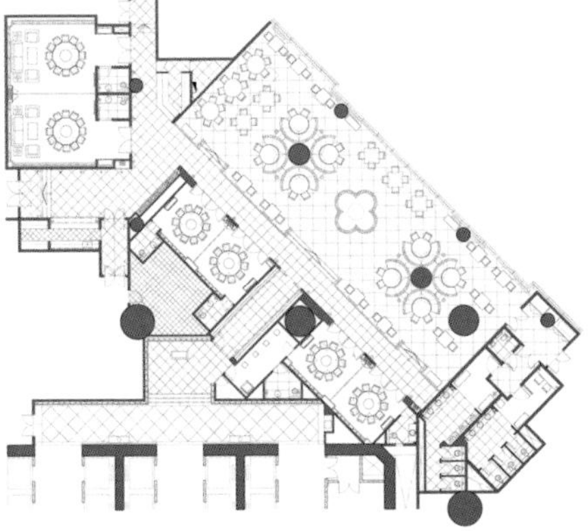

© Michael Weber

© Dianna Snape

© Dianna Snape

© Dianna Snape

© Michael Weber

© Michael Weber

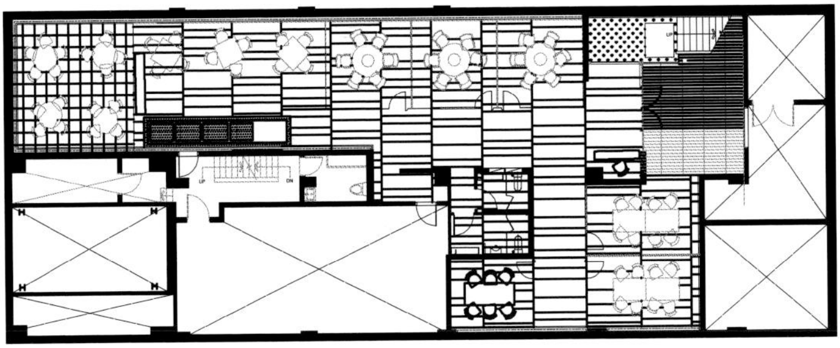

© Sash Alexander

© Michael Weber, Yuki Kuwana

© Scott Burrows

© Scott Burrows

© Scott Burrows

© Scott Burrows

© Dianna Snape

© Dianna Snape

© Dianna Snape

© Dianna Snape

© Juergen Eheim

© Juergen Eheim

© Juergen Eheim

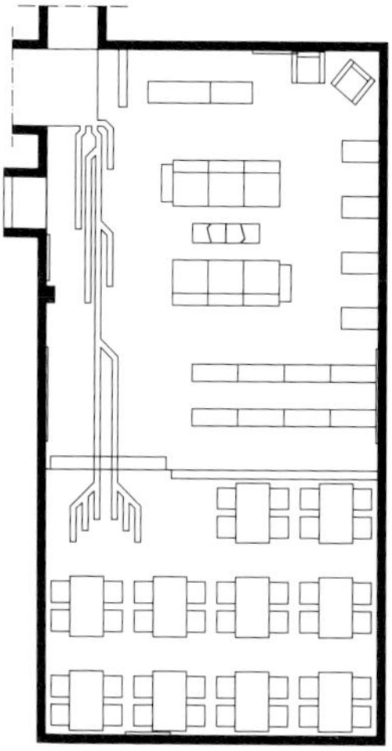

© Michael Weber, Yuki Kuwana

© Michael Weber, Yuki Kuwana

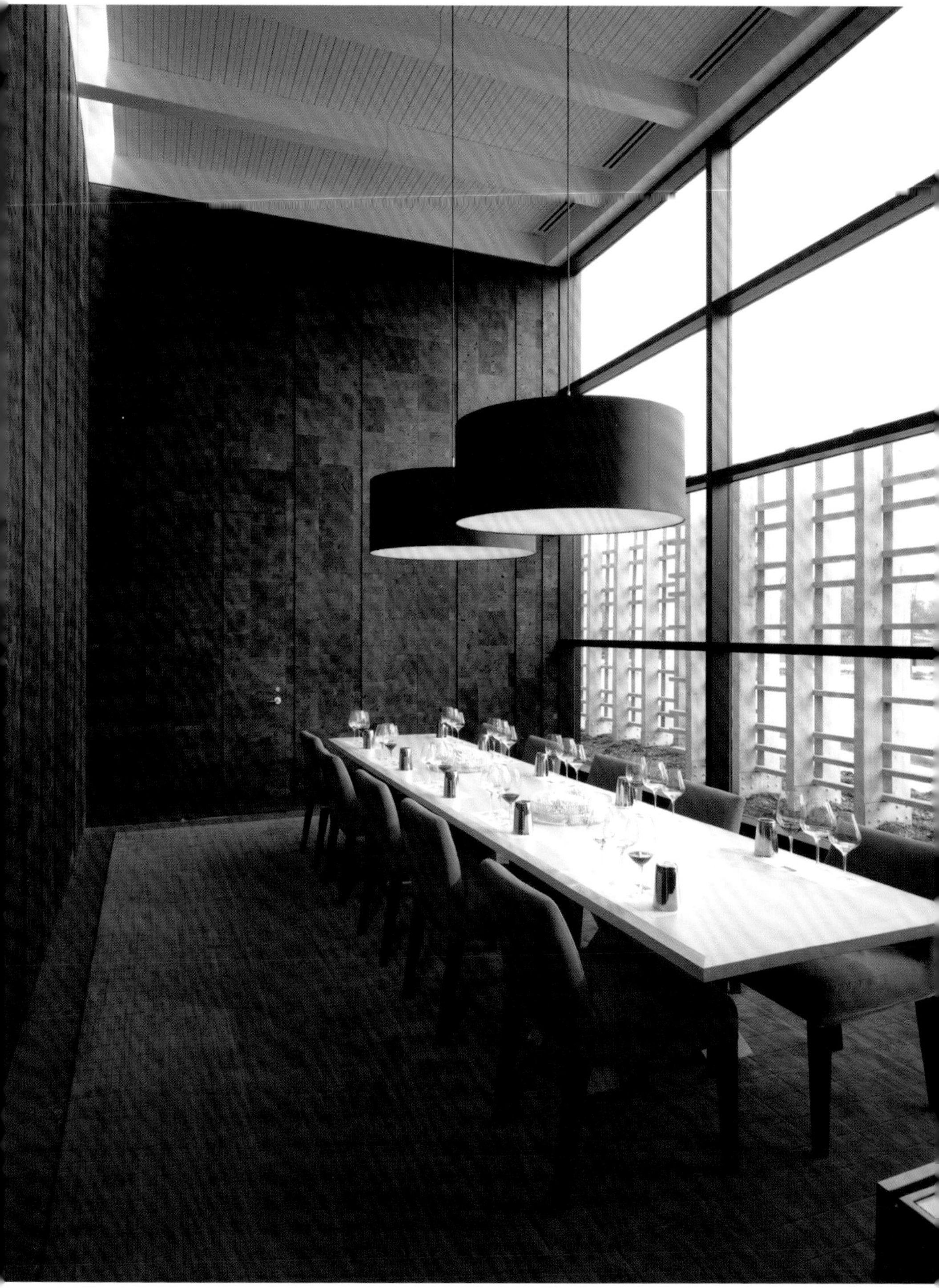

© Sarah Louise Ramsay

© Paul Barbera

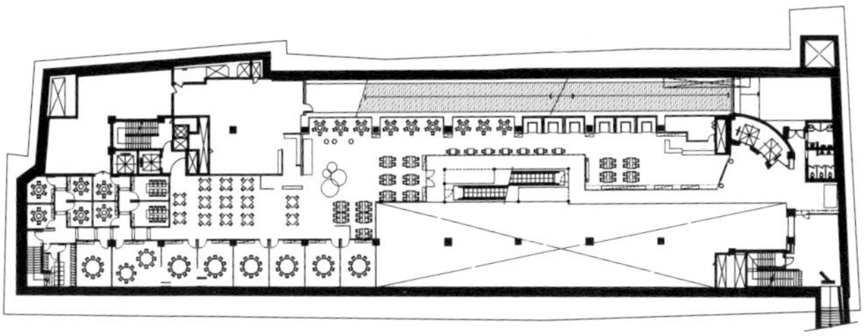

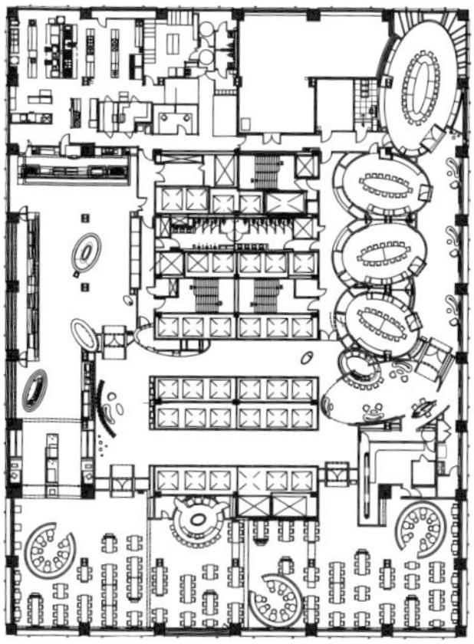

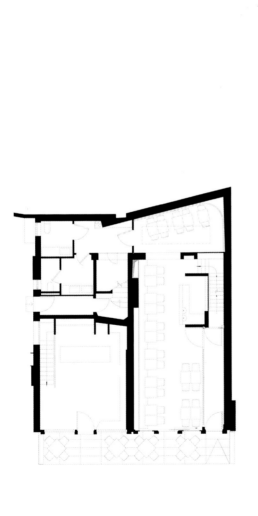

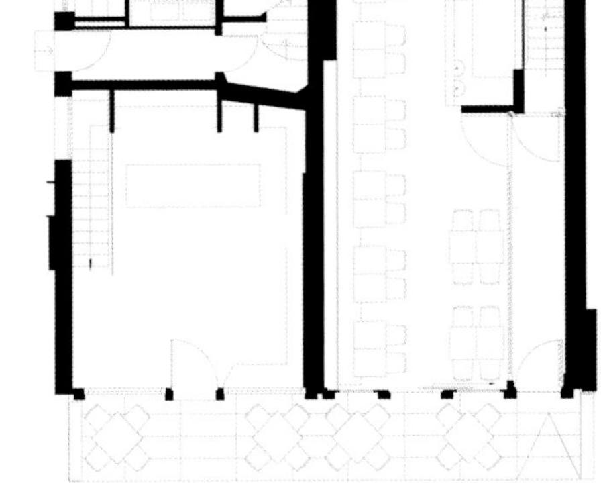

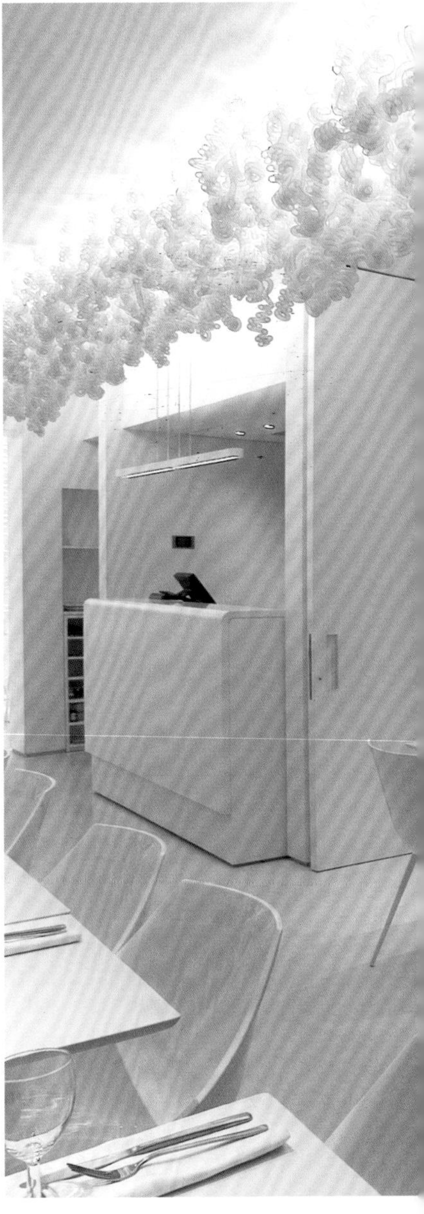

© Pierluigi Piu

© Pierluigi Piu

© Pierlu

© Pierluigi Piu

© Pierluigi Piu

© Richard Weinstein Photography

© Richard Weinstein Photography

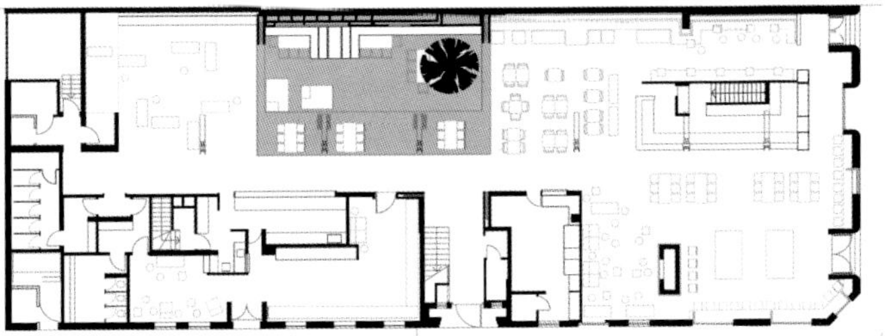

© Murray Fredericks

Coca-Cola
CAFENINI

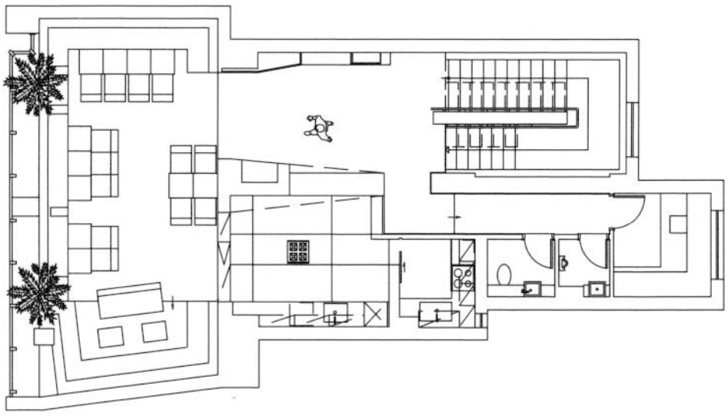

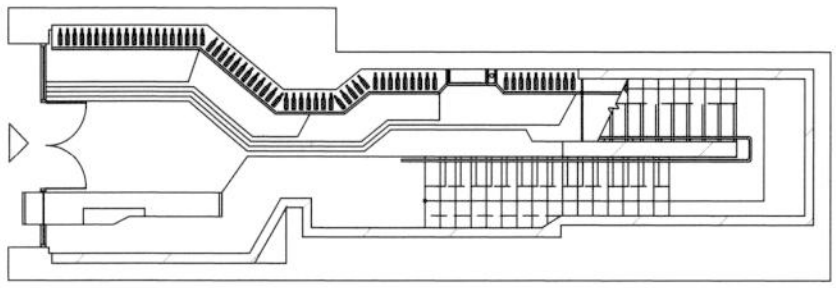

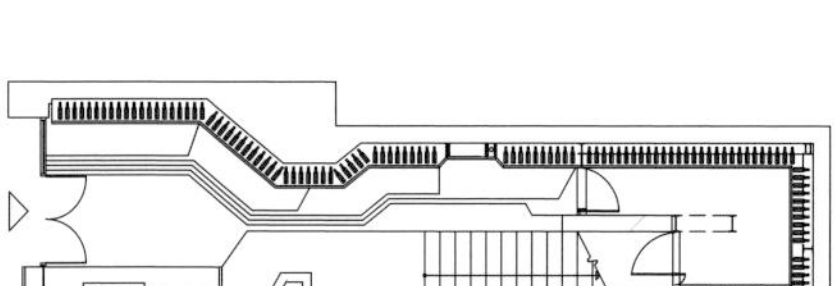

© Michael Weber

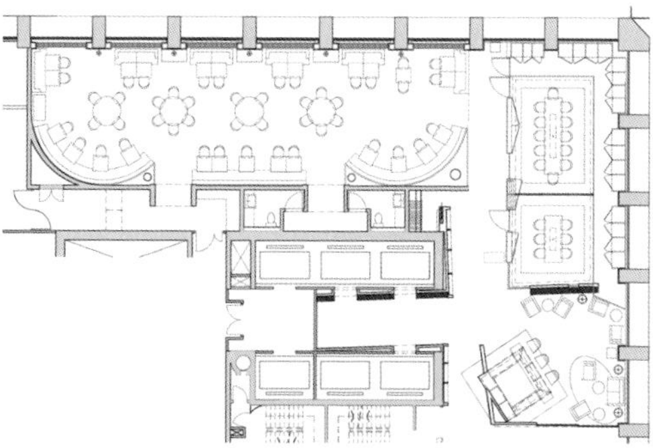

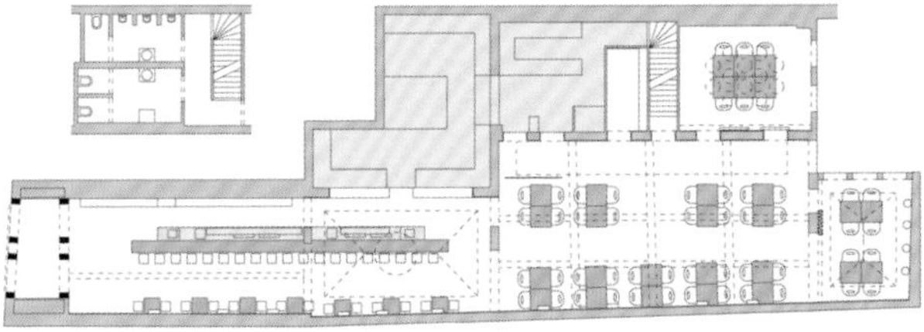

© Michael Weber

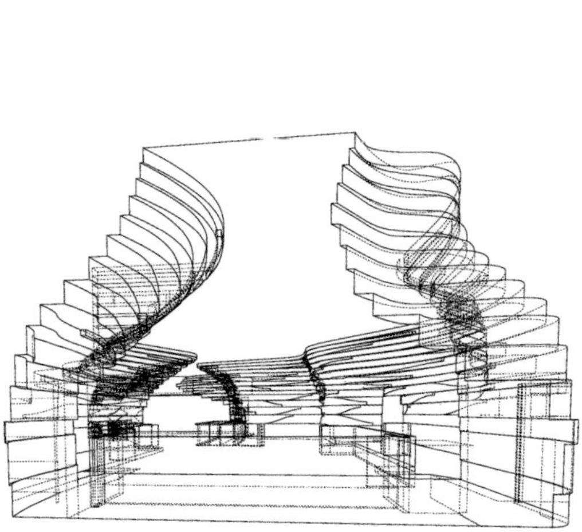

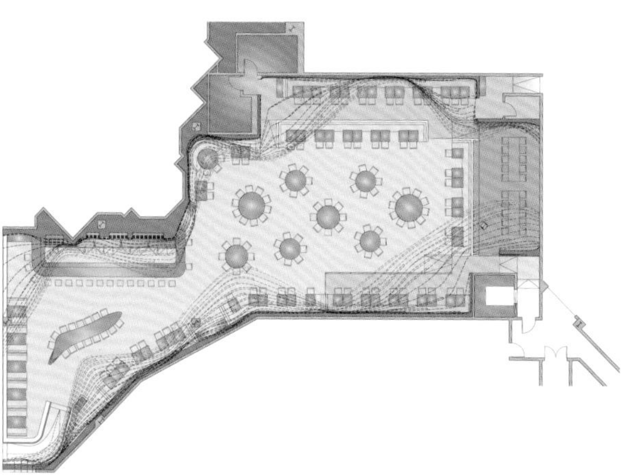

© Michael Weber, Yuki Kuwana

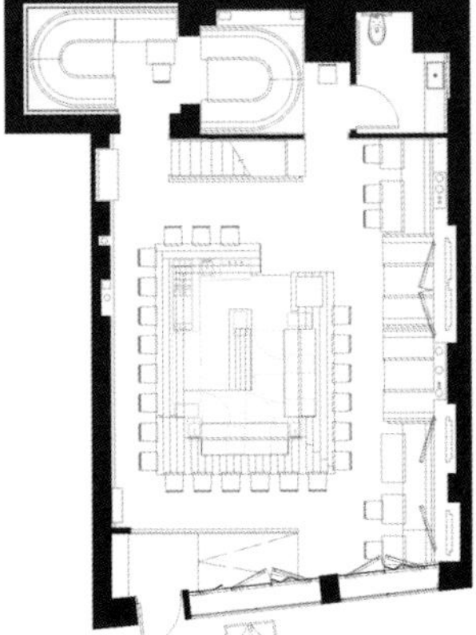

Social House
Social House

Social House

FOCACCIA
E POMODORO $9.00
• PIZZA SPECIAL
• CHERRY TOMATO, SPECK
AND GOATS CHEESE
$21.00
• BELLINI $12-
• PEACH AND PROSECCO COCKTAIL
• BRUSCHETTA CALDA
- POMODORO E BUFFALO
MOZZARELLA

© Richard Weinstein Photography

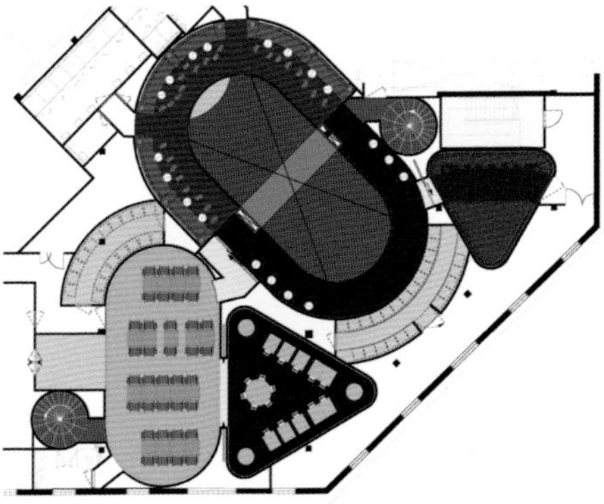

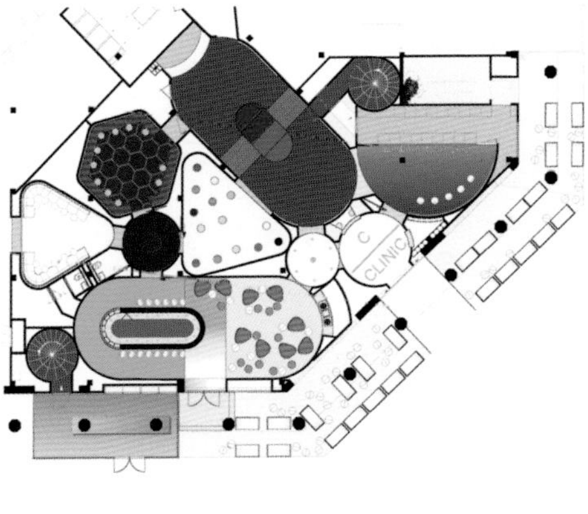
C
CLINIC

© Sash Alexander

© Sash Alexander

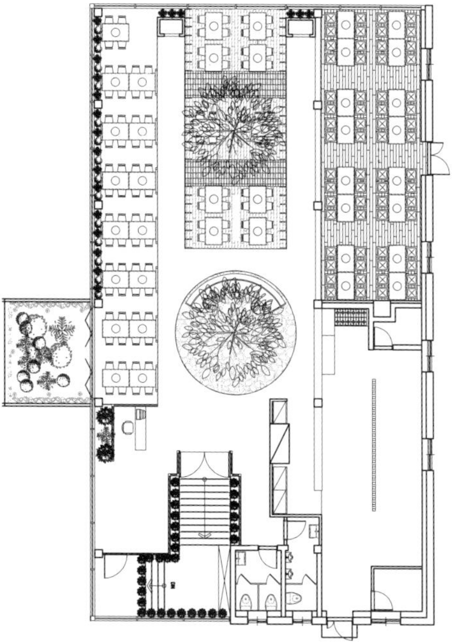

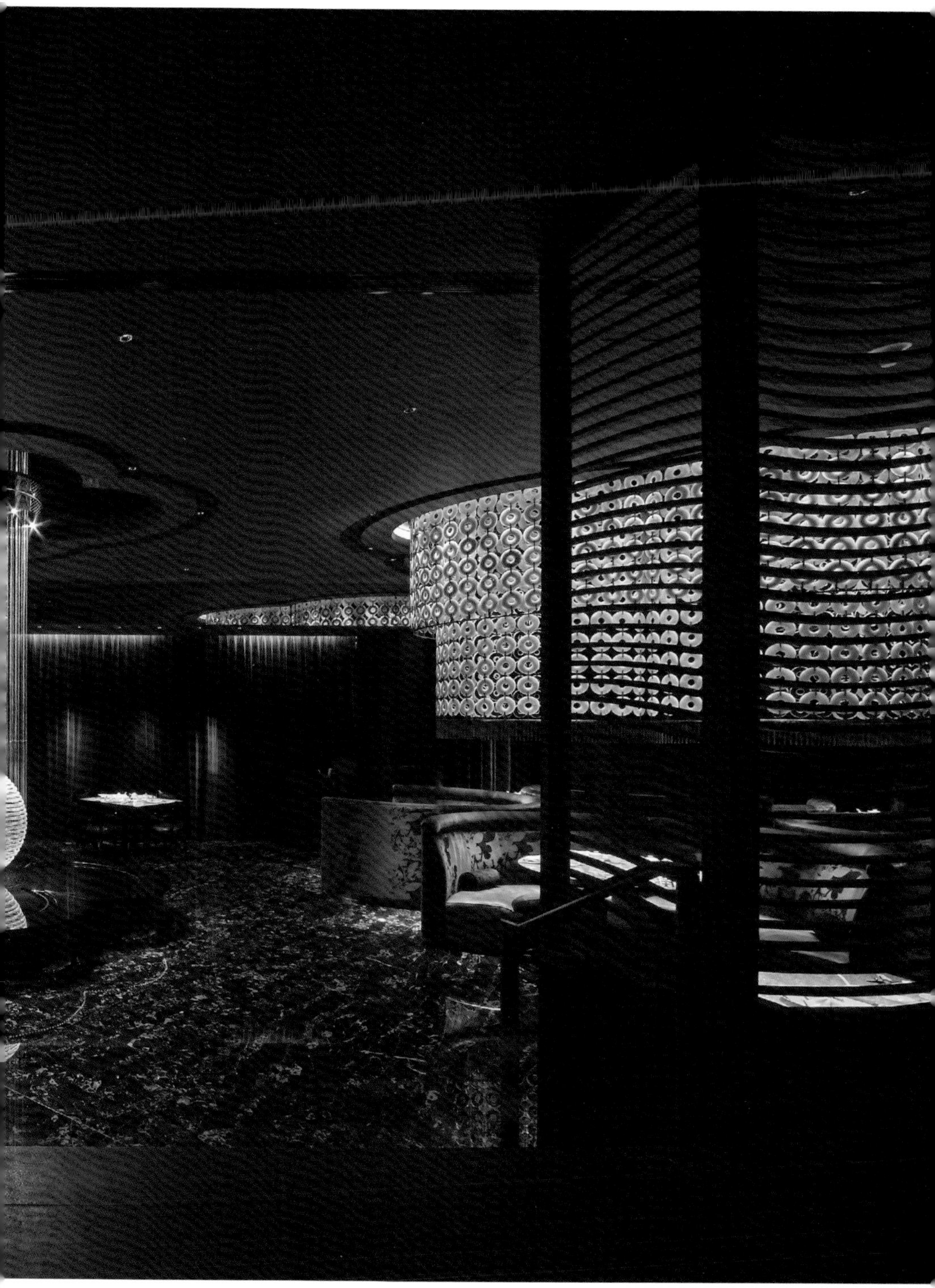

Cafe·Bar & Restaurant

餐饮空间

- Restaurant　餐厅
- Reception　前台

Reception 前台

© Murray Fredericks

peach house
non fat frozen yogurt
original
naked
dressed
small
medium
big
peach or green tea
naked
dressed
small
medium
big

© Scott Burrows

BAR
LOBO

BREADS
PIZZAS,
AND
ARE
DAILY
Apetito

© Shenghui, Vicco Wu

© Jim Roof Creative Inc.

© Shenghui, Vicco Wu

© Shenghui, Vicco Wu

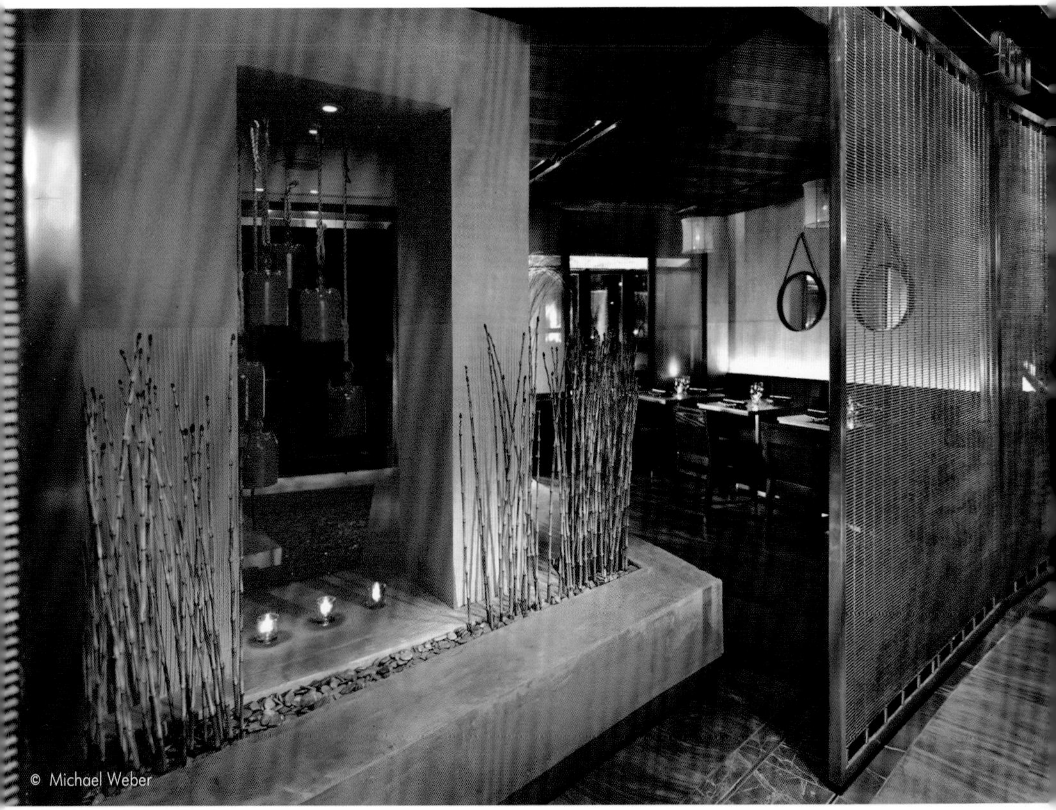
© Michael Weber

© Paul Barbera

© Jurgen Eheim

ZAO PING

Project and Agency

项目名称	设计公司	页码
ACQUADULZA	Simone Micheli Architectural Hero	156~157, 292
Alliance Corporate Cafeteria	Studio GAIA	184~189
Amber	Tihany Design	18~19, 218~219
AUBERGE DE L'ILL	Patrick JOUIN	36~39, 148~149, 205
BAR LOBO	Fransesc Rife	88~89, 278
Bar Rouge	Immad Rahmouni	8~9
Bar 153	VOID planning	294~295
Besenstiel Restaurant & Bar	Innen-Architektur VSI Marianne Daepp	50~51, 74
Bistro d°∆	B&A INC.	258~259
Blue Velvet	Tag Front	70~71, 283
BOA	Tag Front	60~63
Busan Paradise Hotel Japanese restaurant	Studio GAIA	14~17, 246~247, 272~273
Cafe Veloce	Chris Connell Design	280
Carbon Bar	B3 Designers	150~153
Cha Restaurant	Architects EAT	56~57
China Factory, Daechi	IN Design	118~123, 236
Conduit Restaurant, San Francisco	Stanley Saltowtiz / Natoma Architects Inc.	84~87
Crystal(C5)Restaurant Lounge	BY Design Associates	140~143
Dam-um	Wallga associates co.,ltd	268~269

项目名称	设计公司	页码
Danbo Fun Fastfood Chain	Hank M. Chao / Mollen Design International	104~105
Darlo Bar in the Royal Sovereign Hotel, Sydney	Indyk Architects Pty Ltd	42~43, 209, 270~271
Flood©	Mathieu Lehanneur	202~204
Florence	Yun Kwang-hyeon, Park Hoon	256~257
Forbes & Burton	mac-interactive	46~47, 52~53
Fresh Restaurant	Edward I. Mills	40~41
GLAM, Retro Sci-fi Urban Lounge	Frederico Monte Correia	158~161
Golden Jade	creative and performing art MIUM	114~117
Gosirh	2Rabbit	174~175
Illawarra Hotel- Wollongong Australia	Indyk Architects Pty Ltd	206~208, 245
Jade on 36	Tihany Design	30~31, 102~103, 226~227
Just Grapes	A00 Architecture	216~217, 279, 284~285
La Seine	IN Design	44~45
Lever House Restaurant	Marc Newson Ltd.	6~7
Marmo Bar at Hotel Puerta America, Madrid	Marc Newson Ltd	293
Maya Bar	Noé Duchaufour-Lawrance	10~13
Monkey Bar	STEPHANIEGOTO	76~79
Motif	Mr. Important Design	90~95, 260~263, 290~291

Project and Agency

项目名称	设计公司	页码
My Panini	G Six Design LLC	210~211, 281
Nomads	Concreat Architectural Associates	238~239
North 201	Mr. Important Design	64~67
Ocean Star Seafood Restaurant	Cartec Design	237
Olivomare	Architetto Pierluigi Piu	194~201, 277
Omido	AVRO|KO	28~29, 240~241
Paper Mill Grill, Atlanta	G Six Design LLC	214
PARK AVENUE	AVRO|KO	24~27, 126~131, 54~155, 162~163
Peach House, San Gabriel	Make Architecture	48~49, 274~275
P food & wine	Simone Micheli Architectural Hero	58~59, 296~297
Pizza E Vino	Chris Connell Design	172~173, 244, 287
Pizza Express	JHP Design	168~169
Private photo studio DICCA	wakestyle vision BON_O	144
Profile	SHAUN CLARKSON ID Ltd.	68~69
Red Piano	Ipnotic Architecture	32~35, 170~171
Restaurant Praq	Tjep	215
Revis, Gwangju	Friends design	145~147
Sammontana Bar	Simone Micheli Architectural Hero	4~5
Schadheli-Fresh o.p.p. Salt	Le sixieme	164~165
SHO U	Ministry Of Design	248~251